[超图解！]

褶出优雅包款

ふしぎ

28款 —— 不可思议褶包瑰丽登场

布可 ◎ 著
詹建华 ◎ 摄影

新星出版社 NEW STAR PRESS

Story

企划的缘起

在2010年年初的某个午后，和一位可爱的手作人相约在一家颇负盛名的手作杂货店洽谈合作计划，在开心的言谈间，不经意瞄到墙面上挂的一个包款，包包是无话可说的美丽，但我却注意到一个有趣的设计细节——"褶"的技巧。那原是一款极为常见的托特包，但经过设计者别出心裁的抓褶后，竟能拥有优雅姿态！原来"褶"是如此神奇，它让普通包款有了新的样貌，当时一个念头闪过，何不为热爱手作的读者提供一种包款设计的新思维？

直着褶、横着褶、正面抓褶、袋底褶，再来个侧褶……原本是大家所熟悉的基本包款，从此幻化为丰富多变的姿态，若再搭配手作达人绝佳的配色功力，哇！仿佛做包像是在玩魔术！

企划成形后，接下来就是要找到一位能让这份企划发光发热的手作达人，否则一切都只是空想。当我在茫茫的博客大海中初见布可的作品时，心中立刻有了"就是她了"的想法，布可的手作品将原本随性的自然风提升到细致的优雅境界，做工精美，设计力绝佳，再加上浓浓的温暖手感，我已在脑海中勾勒出成书的样貌了。

但，编辑天马行空的奇想，却成为作者绞尽脑汁的艰难任务。感谢布可在这一年的时间里，费尽心思和体力，设计出让人为之赞叹的精美包款，希望这本书能提供给每位手作人一个设计的索引，也期待每位读者都能从中完成最梦幻的包款，本书的出版任务才能圆满。

序

　　2010年3月的一则博客留言，开启了我另一扇分享的门。那是悦知文化编辑Lina的留言，虽然只是简短的只字片语，却让我感受到诚意十足；心想透过书籍的分享，也许能更广更深地传达我的小小手作理念，这时我开始兴奋起来，心情跟着舞动，当然更忘了我还有一个忙碌上班族的身份。

　　在第一次见面看到企划案之前，其实我已经找了一些Lina曾经编辑过的书籍，确定了是我想要的感觉，更契合的是见面时她谈到这本书想要的风格呈现，也正是我心中所期待的。

　　在制作落实每一个包时，我才更深一层体会到允诺容易，实践却是这般不易，想要带给读者的新创意，可能是好不容易想出来的，却有可能在睡了一觉或开一小段车之后，这想法又被自己推翻，心想除了新奇创意，这方法更应该是取材简单、风格优雅的，即使是重复同样素材，也能变化出不同的美丽感受，更能融入生活中。

　　从小听着电动缝纫机声长大，但到现在也不确定自己是否耳濡目染，只是在二十年前的某一家百货公司电梯转角，在完全无预知的状况下，我买了第一台缝纫机回家，虽然大都是摆着；但我想有一天我应该会爱上它。就在十年前一个拼布橱窗中，我找到了我要的色泽，于是开启了日后狂热的布作人生。我不爱制式的教学课程，所以大多数的课程也都没上完，但在老师的作品中或手作书籍中，我学习到一些配色概念及巧思。

　　在制作这本书的过程中，我的生活也跟着不一样了。除了想要学习更多不同技艺外，更毅然决定离开上班族的生活，好好经营一家既是工作室又是教室的铺子，既能专心激荡些好点子，也能传达自己的手作风格概念。能过这样美好的生活，心中尤其感谢先生的大力支持及孩子们的配合。

　　最后更要感谢悦知文化给我这个机会！编辑Lina及摄影师Rocky，跟你们的配合过程，我真的感到很开心！

布可（林玲玲）

enjoy my handmade life

做包——
是一种诀窍，
是一种身处其中才能了解的幸福氛围！

本书的每一款作品都是布可希望与你快乐分享的设计概念，
一起来领略"褶"令人赞叹的神奇魔力，
让你的手作包尽情展现更多浪漫美妙的姿态！

Contents

03 企划缘起

05 序

14 自然抽褶肩背包 卡其红条

16 两侧蝴蝶结 拉褶包

18 star小提包 底褶

20 束口褶包 真皮提篮

22 防水侧底褶包 素麻

24 大肩背包铺棉下褶

26 圆筒褶包防水大花

28 褶包手环钥匙

29 化妆褶包蝴蝶结

30 抽褶包典雅印章

32 两用褶包花语收纳手提

34 防水肩背包随性抽褶

36 褶包海洋风

38 皱褶包优雅蕾丝

40 褶包丝绒蝴蝶结

42 玫瑰侧褶提包 防水

44 两用褶包 防水厚麻

46 自然皱褶包 肩背杂志

48 蝴蝶结褶包 自然轻盈

50 防水肩背褶包 手感牛皮

52 购物两用褶包 防水

54 散步小褶包 手勾

56 棉麻小花 自然拉褶包

58 真皮提篮 束口抽褶包

60 手环 古典蕾丝褶包

62 经典 手机褶包

63 手感 麻质筷套褶包

64 随意褶包 优雅绣球花

66 How to Make

no.01 自然抽褶肩背包 卡其红条

How to Make p.68

在一边的皱褶上加蕾丝，
立即有种不对称的优雅；
里布换上铺棉布，
包就更挺、更好用了。

拉褶包
两侧蝴蝶结

How to Make p.71

只要双手轻轻一拉麻织带，
皱褶感就会轻盈现身，
袋身的曲线也更优美了。

缀上蕾丝织带更显优雅

How to Make p.73

no.03 star 小提包 底褶

就爱疏缝手感，
贝壳扣的自然纹路，
褶的玄机尽在袋底。

内层口袋设计，让东西更好收纳！

no.04 束口褶包真皮提籃

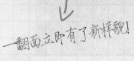

一翻面立即有了新樣貌!

How to Make p.76

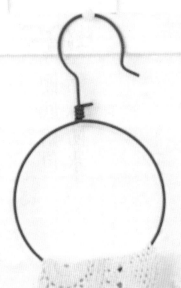

有件好质感外衣，
春夏秋冬任意换装。

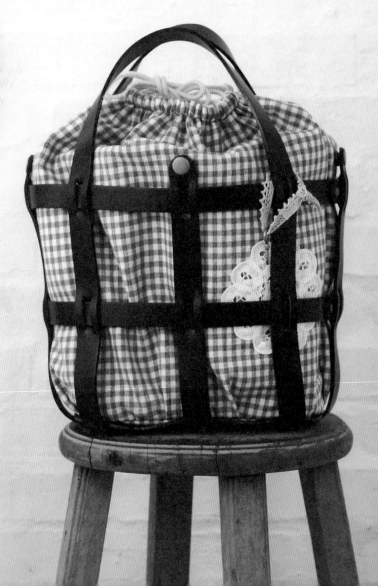

侧底褶包 素麻防水

也许这样的美丽,
需要里外都能呈现,
明明只是一个包,
却拥有了两款美好的姿态。

对布的技巧,你注意到了吗?

How to Make p.78

素麻给人沉静温暖的感觉,
既使是简单褶纹搭上蕾丝,
大包也变得更雅致了。

no.06 大肩背包 铺棉下褶

压扣让包包的收放有弹性!

How to Make p.81

07 圆筒大褶包 防水

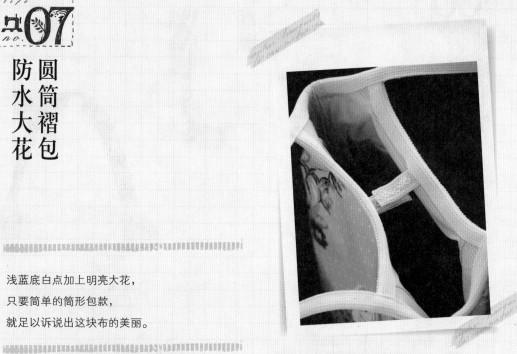

浅蓝底白点加上明亮大花，
只要简单的筒形包款，
就足以诉说出这块布的美丽。

How to Make p.84

手環鑰匙褶包

包包里的随身钥匙，
如果能加上一件美丽的蝴蝶结外衣，
就不怕找不到它喔！

How to Make p.86

除了钥匙包之外,
也该为化妆用品找个家吧,
□内能有一个同款设计的化妆包就更完美了！

How to Make p.88

蝴蝶结 化妆褶包

抽褶包
典雅印章

尝试一下这样的抽褶拼接，
更能衬托出袋身的立体感。

How to Make p.90

兼具收纳手提外出功能，
不但可用作袋中袋，
也可单独使用，
大大强化了这款包的实用性。

里外都是防水材质，
下雨天也能自在带出门！

How to Make p.92

no.11 手提两用褶包
花语收纳

How to Make p.95

点点及花朵防水布，
竟是如此协调！

no.12 防水肩背包 随性抽褶

美丽的蓝配上随性抽褶法，
轻盈的感觉让我想要背上它出去走走。

海洋风褶包

一向喜欢海洋风的我,
怎么也抵挡不了它的魅力,
夏天的脚步近了,
我要带着它去海边吹吹风!

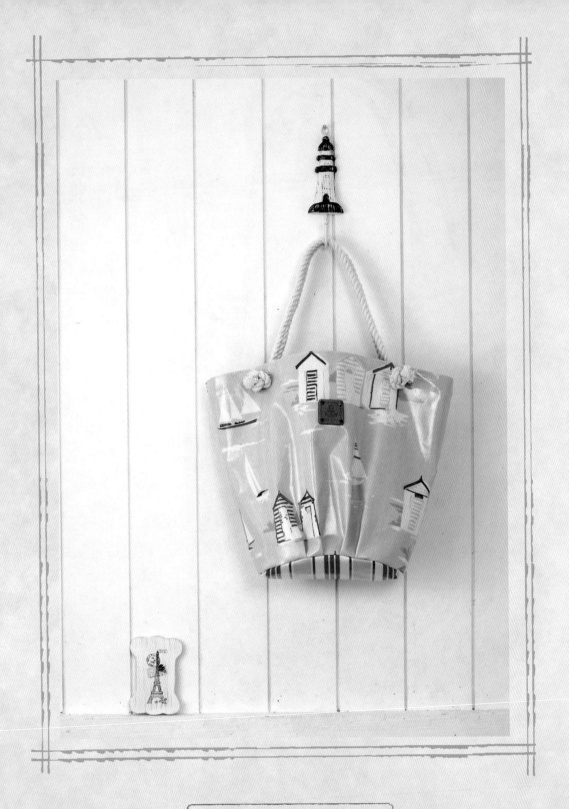

How to Make p.97

no.14 皱褶包 优雅蕾丝

让蕾丝立在袋口,
再简单烫上字母布标,
这款包的优雅就能不言而喻。

这是一款让小编口水直流,
想据为己有的一款美包!

How to Make p.99

How to Make p.101

no.15 褶包 丝绒蝴蝶结

正式宴会也好适合的包款!

丝绒缎带随意地绑上蝴蝶结，
衬在深色素布及宽版蕾丝上，
再配上十字绣织纹里布，
是我最爱的典雅风。

How to Make p.102

no.16 防水玫瑰侧褶提包

实用的防水玫瑰布，
只要简单地在侧边抓褶，
不但能让材质去掉难亲近的锐利感，
包身的线条也能更立体展现。

no.17
两用褶包
防水厚麻

如果有一个既帅气又实用的包款，
让我能肩背也能斜背该有多好啊！

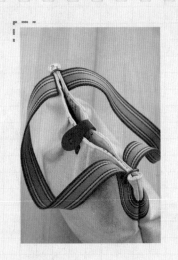

How to Make p.104

no.18 自然皱褶肩背杂志包

今日晴，
把我最爱的杂志装入这款大包内，
找家咖啡馆，享受一杯香醇的拿铁吧！

How to Make p.106

no.19 蝴蝶结褶包 自然轻盈

喜欢麻质的自然纤维,
做一个保有轻盈原味的布包。

蕾丝布和棉麻布,天生就是绝配!

How to Make p.108

How to Make p.110

防水肩背褶包
手感牛皮

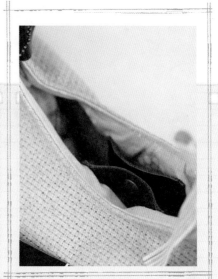

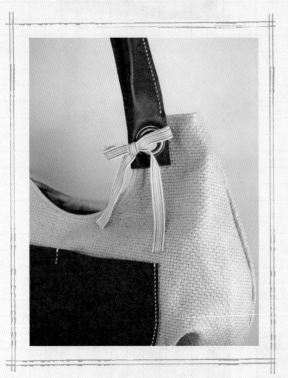

某日坐在工作室的角落，
望着那张咖啡色的牛皮，
突然闪过一个念头，
来做个具手感的褶包吧！

no.21

防水购物两用褶包

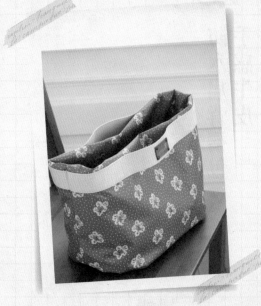

在享受生活的同时,
还希望一起保护地球,
如果上街购物都能自备这样轻便的两用褶包,
大大的容量,要买多买少都随你喔。

How to Make p.113

handmade life no.22

手勾散步小褶包

我想要在清静的小路上,
手勾着小包漫步着,悠闲过生活;
提把处相叠的做法让包包多了挺度,
也更增加了提把的厚实感。

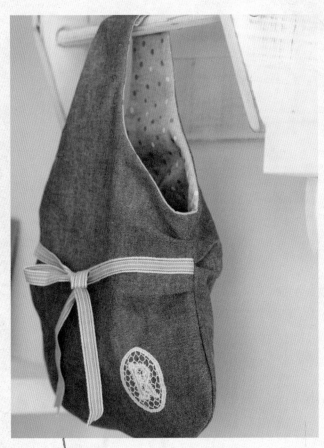

↓ 侧边抓褶设计，让包款更挺立有型！

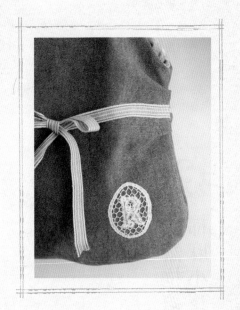

How to Make p.114

袋口的车口设计,
让包包更有私密感!

水洗棉麻布有种朴实感,
是我钟爱的布料之一,
好喜欢这款包包有别于一般做法的趣味性,
再搭配上浪漫的蕾丝,让它更增添了几分雅致的气息。

no.23

棉麻小花自然拉褶包

How to Make p.116

no. 24 束口抽褶包 真皮提篮

利用不同颜色的皮质提篮，
就可以设计出不同款式的内袋包款，
哇！原来这其间的变化竟这么有趣。

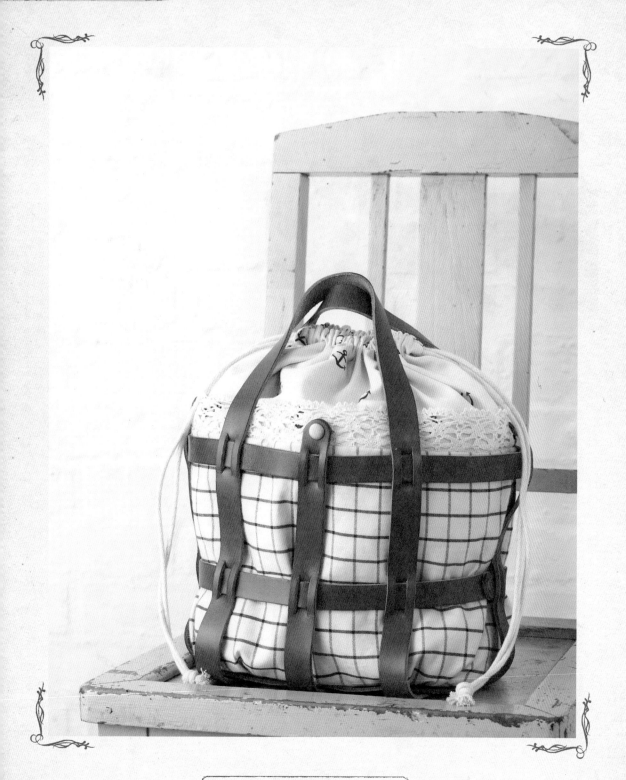

How to Make p.118

这款包绝对是自然风穿着的最佳搭配!

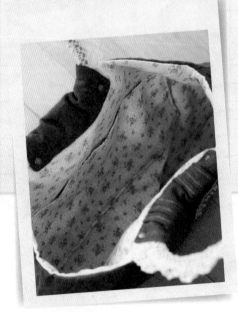

How to Make p.120

把塑胶环变成较优雅的提把，
加上麻布质感的材质，
那该是多美好的包款啊！

古典蕾丝褶包 手环

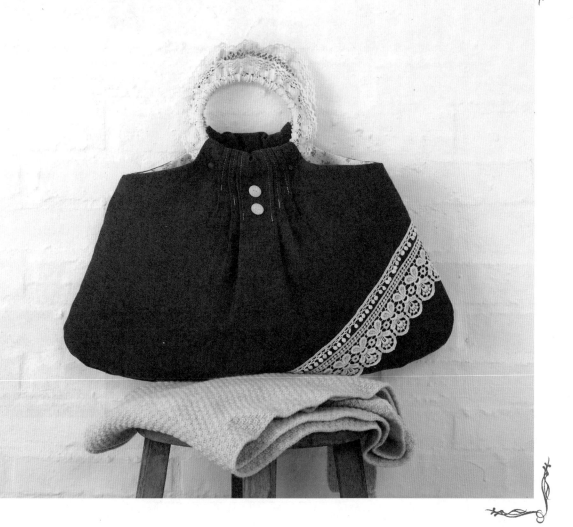

no.26 经典手机褶包

希望平日的随身小布物也能有成套的感觉,
就再做个手机褶包,
我的iphone从此有了个新家!

How to Make p.122

因为工作关系,大多时间都是在外吃饭,
这筷套算是最佳随行伙伴,
也为亲爱的家人多准备一双放进来啰!

手感 麻质筷套褶包

How to Make p.123

How to Make p.125

优雅绣球花
随意褶包

不一定要在制作过程中褶布，
只要几个变换动作，
也能有褶包的效果，
注意到这款包三种不同面貌的玄机了吗？

How to Make

自己动手做

欣赏完这么多美丽的包款后,
快快拿出你收藏的心爱美布,
为自己订制一款专属的褶包吧!

01 卡其红条自然抽褶肩背包

材料：

- 条纹棉麻布：105cm×120cm×1片
- 铺棉素麻布：70cm×115cm×1片
- 厚布衬：30.5cm×32cm×1片
- 蕾丝：3cm宽×15cm长×1条
- 蕾丝：4cm宽×12cm长×1条
- 全长51cm真皮提把1组
- 压扣：15mm×1组

做法： 外加缝份1cm（如有特别标示"已含缝份"字样则除外）

参照原寸纸型A面

1. 依纸型A裁剪表袋布一片。
2. 依纸型B裁剪表袋布一片及里袋布两片。
3. 依纸型C裁剪表袋布及里袋布各一片（以上三个步骤均需外加缝份1cm）。
4. 裁口布30.5cm×16cm两片（已含缝份）。
5. 裁小内袋布28cm×31cm一片。
6. 依纸型裁大内袋布两片。

表袋布依纸型抽褶记号点，左右各自抽褶，需与里袋布尺寸相同。

左边车上蕾丝（3cm宽的在上方，4cm宽的摆下方）装饰。

袋身布与侧边布以珠针固定。

车缝"凵"形一圈。

再与另一边的袋身布相接，接合后翻回正面。

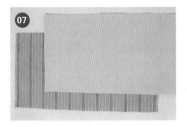
将两片口布烫上厚布衬。

对折后车缝两边。

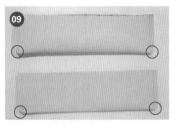
两边距车缝线0.2cm处剪斜角。

翻回正面整烫。

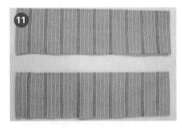
于距边0.5cm处压缝"⊓"形一圈。

口布与袋身以弹力夹固定,并疏缝一道。

将小口袋布对折,车缝"⊔"形一圈(记得预留返口)。

翻回正面整烫,并缝合返口。

贴缝于一片里袋布上。

车缝间隔所需内层。

两片大口袋上方以珠针固定后再车缝一道。

翻回后整烫,并在距边0.5cm处压一道装饰线。

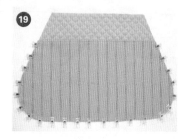
以弹力夹固定于另一片里袋布上,并疏缝"凵"形一圈。

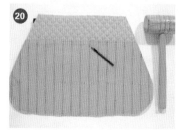
于大口袋中心距上缘2cm处打洞。

敲下压扣。

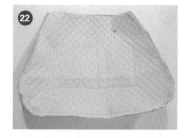
组合里袋,做法与表袋相同(但侧边需预留返口)。

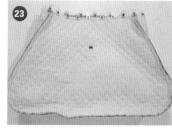
表袋放入里袋内,以弹力夹固定袋口后,车缝一道。

从返口拉出,翻回正面整烫。

在袋口距边0.5cm处压一道装饰线。

做提把位置记号。

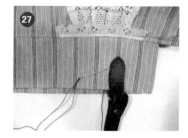
缝上提把。

完成啰!

02 两侧蝴蝶结拉褶包

材料：
- 格子布：110cm×70cm×1片
- 点点布：110cm×70cm×1片
- 厚布衬：110cm×140cm×1片
- 蕾丝：4cm宽×54cm长×1条
- 麻织带：2.4cm宽×135cm长×2条
- 织带：1.5cm宽×5cm长×1条
- D形环：1.5cm宽×1个
- 织带皮提把：1组
- 花贝壳扣：2个

做法： 已含缝份1cm（如有特别标示"已含缝份"字样则除外）

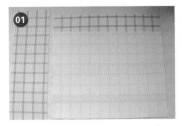
01 裁剪表袋布54cm×41cm×2片及底布54cm×18cm×1片，分别烫上厚布衬（已含缝份1cm）。

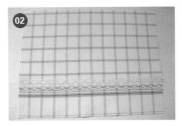
02 其中一片表袋布车缝上蕾丝。

03 两片表袋布分别与底布车缝相接。

04 将缝份以熨斗烫开。

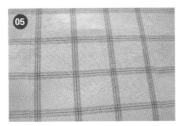
05 于正面接缝左右0.3cm处各压一道装饰线。

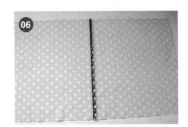
06 裁剪里袋布54×49cm×2片，分别烫上厚布衬后两片接缝。

07 烫开缝份。

08 将提把织带修成斜角。

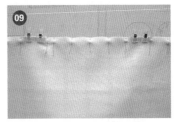
09 放入表袋身中以弹力夹固定。

于距边0.5cm处车缝固定线。

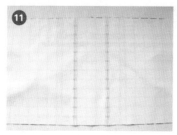
上下各车缝一道。

将1.5cm宽织带穿入D形环,并固定于里袋侧边。

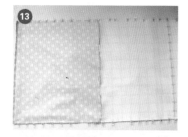
将车好的提把端拉至中间对齐,中心往外各预留13cm不车缝,其他则都车缝。

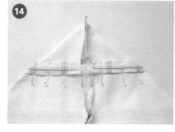
底角以珠针固定并车缝。

如图预留1.5cm缝份,其余剪掉。

将未车缝处用熨斗烫出1cm缝份。

然后拉出翻回正面。

将里袋塞入表袋内,整烫袋口。

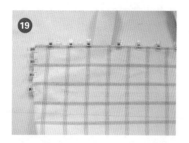
以弹力夹固定一圈,并用可擦笔在距袋口9.5cm及13cm处各画一道线。

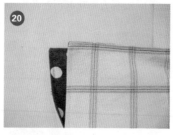
袋口距边0.5cm处"冂"形压一圈装饰线。

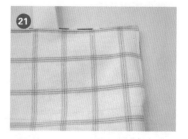
画线部分各车缝一道。

形成一穿织带口。

将两条麻质织带两端各折0.7cm,两折后车缝一道。

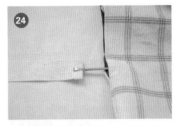

用穿绳器将织带穿入。

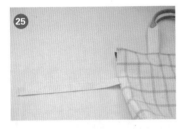

两条都穿入拉齐。

使其抽褶并打上蝴蝶结。

完成啰!

03 底褶star小提包

材料:
- 黑色帆布:80cm×40cm×1片
- 条纹棉麻布:80cm×80cm×1片
- 真皮提把:2cm宽×38cm长×2条
- 贝壳扣:25mm×1个、20mm×5个、17mm×5个
- 铆钉:8mm×8组
- 磁扣:12mm×1组
- 粗棉线:些许

参照原寸纸型A面

做法: 外加缝份1cm(如有特别标示"已含缝份"字样则除外)

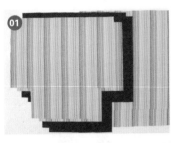

1. 依纸型裁剪表袋布两片、里袋布两片(皆需外加缝份1cm)。
2. 裁剪口袋布37cm×40cm×1片(已含缝份)。
3. 裁剪口袋布37cm×28cm×1片(已含缝份)。

依star纸型,以白色可擦笔描下。

描好后的样子。

73

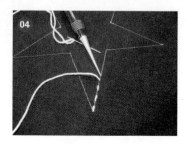
以锥子钻孔，方便缝粗棉线。

缝制完成的样子。

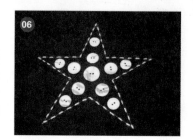
再将贝壳扣依序缝上。

将两边口袋布分别对折后车缝。

从旁边翻出，以熨斗整烫。

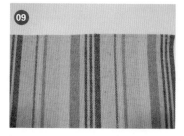
距上缘0.3cm处压一道装饰线。

分别贴于里袋布。

于较短边口袋隔出置放手机等隔层。

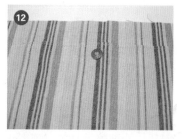
于另一较长边口袋中心下方1.5cm处打上磁扣。

表袋布及里袋布分别将两片以正面对正面，车缝左右两边及底部（里袋需预留返口）。

底角以珠针固定并车缝（折份往底中心方向）。

翻回正面的样子。

表袋翻回正面的样子。

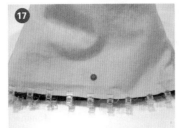
表袋套入里袋内,袋口以弹力夹固定并车缝一圈。

从返口翻出。

在表袋身上方距袋口2cm处画一道线。

依线整烫。

将白色可擦笔痕迹烫掉。

皮提把打洞做记号。

敲入铆钉。

完成啰!

04 真皮提篮束口褶包

材料：
- 点点布：95cm×60cm×1片
- 格子布：95cm×60cm×1片
- 薄布衬：95cm×120cm×1片
- 蕾丝片：1片
- 棉绳：100cm×2条
- 真皮提篮：1个
- 压扣：15mm×5组

做法： 外加缝份1cm（如有特别标示"已含缝份"字样则除外）

参照原寸纸型A面

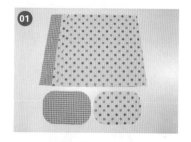

将点点及格子布烫上薄布衬。再依纸型裁袋身点点及格子布各两片，袋底各一片。

将蕾丝片用珠针固定。

车缝一圈。

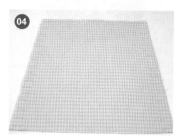

袋身左右两边以珠针固定。

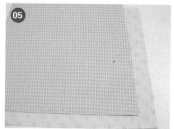

左右两侧上端需预留2cm（不算上面缝份）不车。

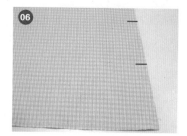

其中一袋身需预留13cm返口。

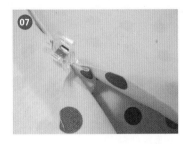
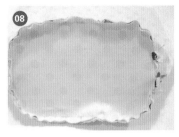

靠中心点之褶子方向向外，靠两侧之褶子则向内以弹力夹固定，在距边0.5cm处先车一道固定线。

然后与底相接，并用珠针固定后车缝一圈。

于转弯处剪牙口。

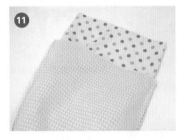

翻回正面的样子。

套入另一袋身。

上端袋口以珠针固定车缝一圈。

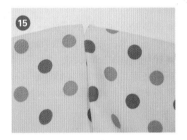

从返口拉出。

拉出后的样子。

将格子袋身放入点点袋身内，再将穿绳口拉齐。

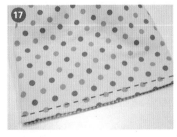

用熨斗将袋口整烫一圈。

在距袋口2cm处车一道线。

缝合返口。

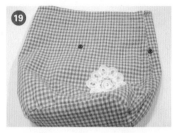
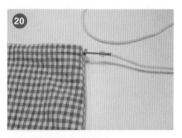

⑲ 比照提篮压扣位置，敲入压扣。　⑳ 用穿绳器将棉绳穿入。　㉑ 完成啰！

㉒ 放入提篮，压扣扣好。　㉓ 两面可变换。　㉔ 没有表里之分。

05 素麻防水侧底褶包

材料：
- 素麻防水布：60cm×85cm×1片
- 红条纹厚棉布：95cm×75cm×1片
- 粗棉绳：150cm×1条
- 麻色蕾丝：5cm宽×45cm长×1条
- 米色蕾丝：2cm宽×6cm长×1条
- 麻织带：2.4cm宽×6cm长×1条
- 皮绳：0.3cm宽×35cm长×1条
- 皮扣：直径4.3cm×1个
- 木扣：直径3cm×1个

参照原寸纸型A面

做法：外加缝份1cm（如有特别标示"已含缝份"字样则除外）

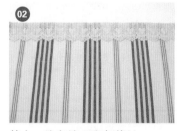

① 1. 依纸型裁剪袋身素麻防水布及红条纹布各两片（外加缝份1cm）。
　 2. 裁剪口布26cm×9cm×2片（已含缝份1cm）。

② 其中一片车缝上麻色蕾丝。

③ 裁剪口袋布33cm×36cm×1片（已含缝份1cm），对折以珠针固定后车缝"凵"形一圈，需预留10cm返口。

口袋布从返口翻出后，以熨斗整烫，然后缝合返口。

口袋布置于素麻袋身，放入米白蕾丝，以珠针固定贴缝"凵"型一圈。

将皮扣缝于口袋上。

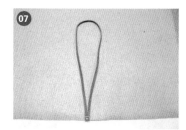

将皮绳固定于未贴口袋之素麻防水布中心。

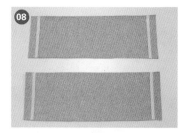

将口布左右两边先贴水溶性胶带。

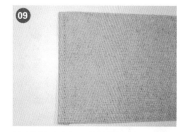

缝份往内折，在距边0.5cm处压一道线。

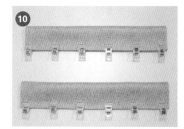

上下对折。

将红条纹袋身布两片正面对正面，以珠针固定左右两边及底边，然后车缝（需留15cm返口），素麻袋身做法同上（不用留返口）。

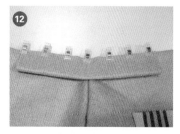

以弹力夹固定于侧边中心。

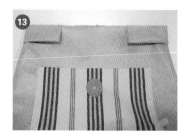

于距边0.5cm处车缝一道固定线。

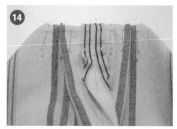

底角之折份往中间方向，以珠针固定后车缝。

翻回正面的样子。

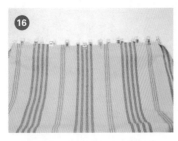

将素麻袋身套入红条纹袋身中，以弹力夹固定后，再将袋口车缝一圈。

从返口翻出。

袋口距边0.5cm处车压一圈装饰线。

棉绳先穿入口布，再将棉绳以绕圈圈方式来回缝牢。

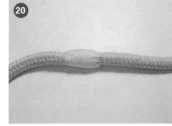

用织带包覆后再缝紧。

缝上木扣。

完成啰！

双面用的另一面。

06 铺棉下褶大肩背包

材料：
- 铺棉素麻布：72cm×108cm×1片
- 碎花棉麻布：72cm×178cm×1片
- 薄布衬：72cm×178cm×1片
- 蕾丝：10cm宽×29cm长×1条
- 条纹织带：1.5cm宽×6cm长×1条
- 压扣：15mm×2组
- 皮片磁扣：9cm宽×1组
- 真皮提把：1组
- 铆钉：8mm×16组
- 拉链：25cm长×1条（制作口袋用）

做法： 外加缝份1cm（如有特别标示"已含缝份"字样则除外）

参照原寸纸型A面

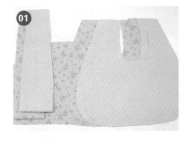

里布先烫上薄布衬再依纸型裁剪袋身表里布各两片、侧边表里布各一片（需外加缝份1cm）及隔层口袋54cm×28cm×1片（已含缝份1cm），拉链口袋31cm×40cm×1片（已含缝份1cm）。

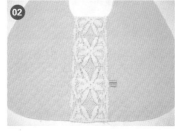

蕾丝置于袋身中心，放入织带，两旁以珠针固定后车缝。

折份方向往外，并以弹力夹固定。

在距边0.5cm处先车一道固定线。

表袋身与侧边布以珠针固定，然后车缝"凵"形一圈。

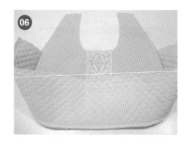

车缝完成的样子。

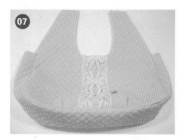

另一边亦车缝好,并翻回正面。

里袋身一边车缝拉链口袋（做法参照p.110手感牛皮肩背褶包,因此包款拉链长为25cm,故宽度部分皆需加上5cm计算）。

另一边则车缝多隔层口袋（做法参照p.110手感牛皮肩背褶包）。

为避免折份重叠太厚,里袋身折份往中心方向折。

里袋组合与表袋一样,但需预留15cm返口,组合完成后将缝份烫开。

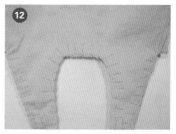

表袋与里袋开口凹处先以珠针固定一圈后车缝。

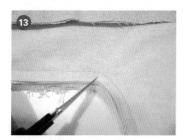

车缝一圈后,在转弯处剪牙口。

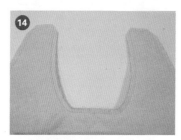

上端距车缝线0.2cm处剪斜角。

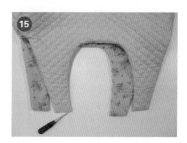

翻回正面,以锥子将直角拉出。

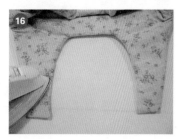

用熨斗整烫。

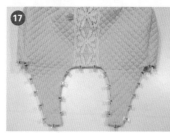

以弹力夹固定。

在距边0.5cm处压缝装饰线,如因两旁接缝处太厚,可分段车缝,如图19。

在侧边做压扣打洞记号。

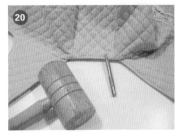
以打洞器打洞。

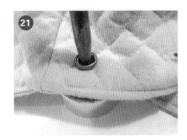
敲入压扣。

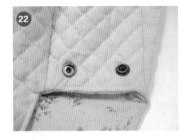
压扣完成的样子。

扣起来的样子。

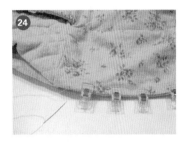
缝合返口。

将皮片扣放在袋口中心，以可擦笔画一圈做记号。

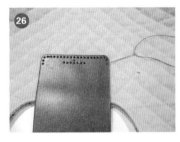
开始手缝，并将另一边磁扣也制作完成。

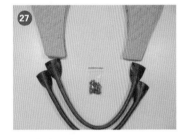
做提把打洞记号。

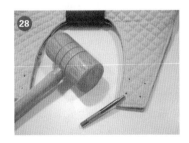
用打洞器打洞。

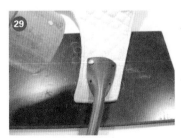
提把放上敲入铆钉。

完成。

防水大花圆筒褶包

材料：

- 大花点点防水布：85cm×60cm×1片
- 细格防水布：85cm×100cm×1片
- 拉链：20cm长×1条
- 布标：1枚
- 织带：3.5cm宽×170cm长（26cm+26cm+118cm）×1条
- 蕾丝：1.7cm宽×12cm长×2条、1.7cm宽×26cm长×2条
- 人字织带：2cm宽×12cm长×2条
- 蕾丝：2.5cm宽×7cm长×1条
- 塑胶扣：1组

参照原寸纸型B面

做法：外加缝份1cm（如有特别标示"已含缝份"字样则除外）

依纸型裁剪表布及里布各两片，底各一片（需外加缝份1cm）。

于表袋中心位置车缝布标。

上面打褶部分以弹力夹固定车后固定线（表、里袋共四片）。

裁剪拉链口袋布26cm×40cm×1片，并车缝完成（做法参照p110手感牛皮肩背褶包）

左右两边固定后各车缝一道。

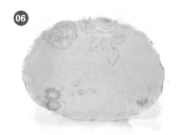

表袋底先剪牙口再接椭圆袋底（表、里袋都接合完成）。

翻回正面的样子。

将2.5cm宽蕾丝置于侧边中心，并于距边0.5cm处车缝固定线。

里袋先放入表袋，袋口以弹力夹固定后车缝一圈疏缝线。

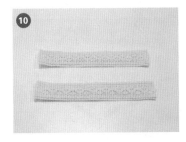

人字织带车上1.7cm宽蕾丝。

对折后左右距边0.3cm处车缝一道。

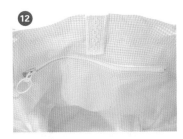

放入袋口中心并疏缝固定。

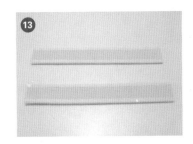

裁剪织带3.5cm宽×26cm长×2条，然后沿边车上1.7cm宽蕾丝，再于背面贴上水溶性胶带。

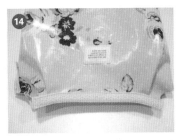

对折后粘贴于袋口，然后车缝。

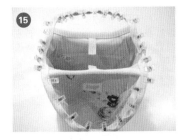

将剩余提把用织带以弹力夹固定一圈后车缝。

车缝完成的样子。

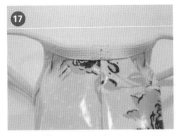

将蕾丝往内折后沿边用手缝缝一圈收边。

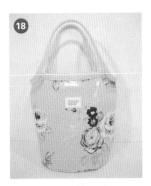

完成啰！

08 手环钥匙褶包

材料：
- 条纹棉麻布：12cm×26cm×1片
- 红格纹布：12cm×12cm×1片
- 铺棉棉麻布：12cm×26cm×1片
- 厚布衬：12cm×26cm×1片
- 麻织带：1.6cm宽×41cm长（共为11cm+24cm+6cm）×1条
- 蕾丝：2.7cm宽×35cm长×1条
- 铜环：直径8cm×1个
- 锁圈：4个
- 塑胶扣：1组

参照原寸纸型D面

做法： 外加缝份1cm（如有特别标示"已含缝份"字样则除外）

01 依纸型裁剪表布、里布及厚布衬各一片，里布先烫上厚布衬。
※袋身已含缝份1cm，格纹红布左右已含缝份，但上下需外加缝份1cm。

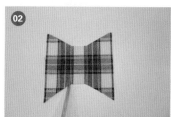
02 转角处剪牙口。

03 放入纸型，沿边将缝份烫平。

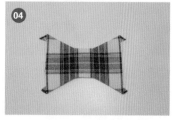
04 烫好后将多余折角剪掉。

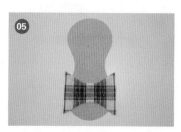
05 以珠针固定于表布上，然后贴缝。

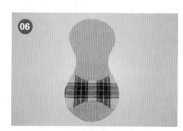
06 再将多余的布修掉。

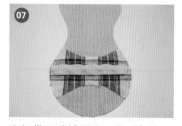
07 麻织带以珠针固定，然后车缝。

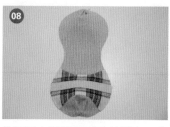
08 依记号点抓褶后以珠针固定，疏缝一道。

09 为避免抓褶处太厚，里袋于两旁抓褶，做法与表袋相同。

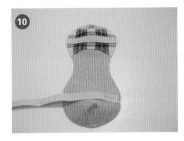

10 将最长麻织带固定于表袋上后疏缝固定。

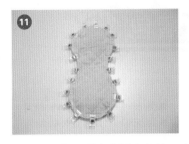

11 表袋与里袋以弹力夹固定车缝一圈（需预留返口）。

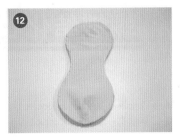

12 车缝完成后剪牙口。

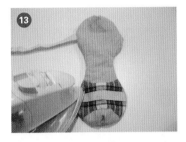

13 翻回正面，以熨斗整烫。

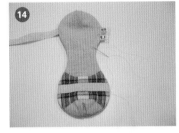

14 缝合返口。

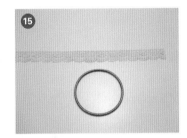

15 蕾丝缝于铜环上。

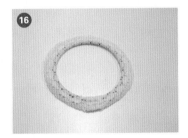

16 缝制完成的样子。

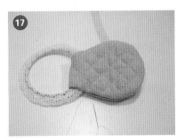

17 依记号点以卷针缝制一圈。

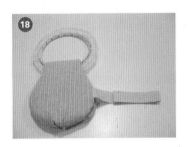

18 折出中间蝴蝶结部分。

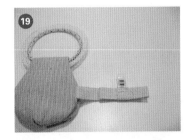

19 将6cm麻织带放入蝴蝶结中心部分。

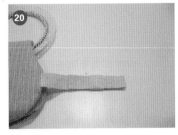

20 左右各车缝一道。

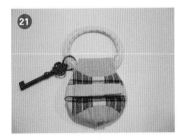

21 蝴蝶结下方中心缝上塑胶扣后即完成。

09 蝴蝶结化妆褶包

材料：
- 条纹棉麻布：40cm×13cm×1片
- 红格纹布：32cm×30cm×1片
- 铺棉棉麻布：32cm×30cm×1片
- 厚布衬：40cm×13cm×1片
- 薄布衬：32cm×30cm×1片
- 麻织带：1.6cm宽×41cm长（18.5cm+16.5cm+6cm）×1条
- 拉　链：15cm长×1条

参照原寸纸型B面

做法：

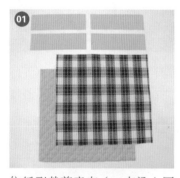

01 依纸型裁剪表布（口布烫上厚布衬两片，袋身烫上薄布衬一片），里布（口布烫上厚布衬两片，袋身一片）。
※皆已含缝份0.7cm。

02 上下依打褶记号点用珠针固定，然后疏缝一道。

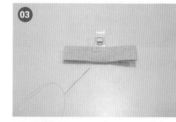

03 制作蝴蝶结，以手缝固定。

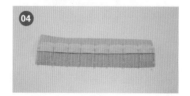

04 将口布车上麻织带。

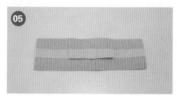

05 将蝴蝶结置于中心，车缝左右两边。

06 口布与袋身相接。

07 以熨斗整烫。

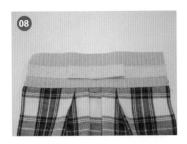
于距边0.2cm处车压一道装饰线。

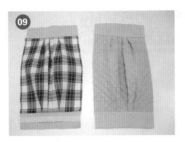
表里袋都接合完成。

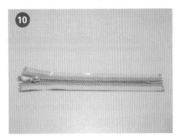
拉链贴上水溶性胶带。

将拉链一边贴于口布上，然后车缝。

翻回正面后整烫。

在距边0.2cm处压一道装饰线。

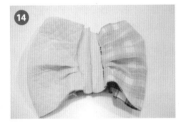
将另一边也车缝好并压线。

并把装饰线压缝完成。

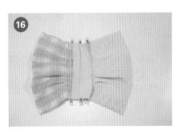
两边车缝固定（里袋部分需预留返口）。

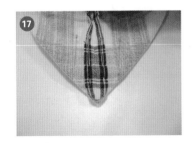
以珠针固定并车缝5cm底角。

从返口翻出，并以锥子辅助将拉链两旁的布拉出。

缝合返口后即完成。

10 典雅印章抽褶包

材料：
- 紫色小碎花布：55cm×45cm×1片
- 盖印章素棉麻布：18cm×40cm×1片
- 格子棉麻布73cm×40cm×1片
- 薄布衬：73cm×85cm×1片
- 蕾丝片：1枚
- 心型贝壳扣：1个
- 真皮提把：34cm长×2条
- 铆钉：8mm×4组

做法：外加缝份1cm（如有特别标示"已含缝份"字样则除外）

 参照原寸纸型B面

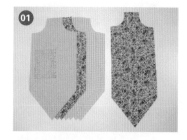
01 将表里布烫上薄布衬后，依纸型A裁剪表布三片及里布四片，纸型B表布一片（缝份皆需外加1cm）。

02 车上蕾丝片。

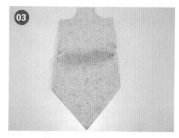
03 取纸型B这片表布，左右依抽褶记号点，抽褶至纸型A大小。

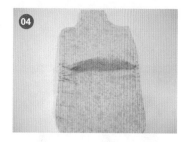
04 先将印章棉麻布以珠针固定后接缝，接缝方式从上方的端处车缝至下方的点。

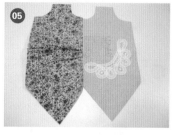
05 碎花布这边于距边0.3cm处压一道装饰线。

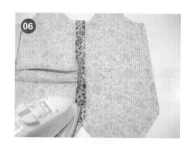
06 再与另一片碎花布接缝，并将缝份左右烫开。

以熨斗整烫，这片缝份全倒向碎花布这边。

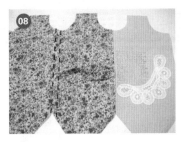

正面各压一道装饰线。

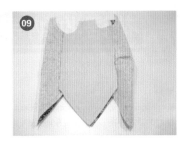

接缝一圈后的样子，里袋依表袋同样方式接合（可不压装饰线，但需预留返口）。

底部采用两片一组的方式以珠针固定，点至点接合，并将缝份烫开。

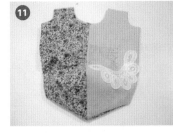

接合完成后的样子。

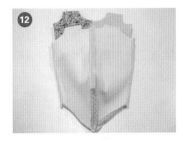

将表袋套入里袋内。

袋口以珠针固定车缝一圈。

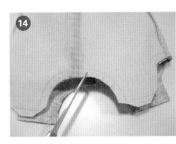

剪牙口及斜角。

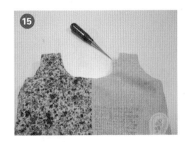

从返口翻回正面后，以锥子将直角拉出。

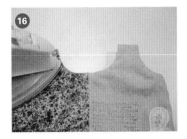

缝合返口并整烫袋口。

装上提把后即完成。

11 花语收纳手提两用褶包

材料：
- 小花点点防水布：45cm×90cm×1片
- 细格防水布：90cm×90cm×1片
- 蕾丝：2.8cm宽×45cm长×1条
- 蕾丝：1.8cm宽×92cm长×1条
- 织带：3.8cm宽×92cm长×1条
- 细棉绳：16cm长×1条
- 蕾丝扣：1个
- 心型磁扣：1组

做法：外加缝份1cm（如有特别标示"已含缝份"字样则除外）

 参照原寸纸型B面

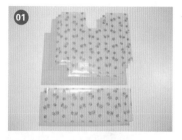

01 依纸型裁表布及里布各两片，表里口袋共三片（缝份皆需外加1cm）。

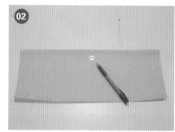

02 将外口袋中心做磁扣记号。

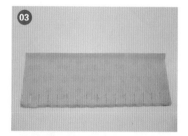

03 将外口袋两片以珠针固定后，车缝相接。

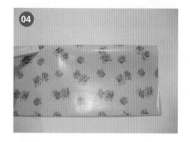

04 翻回正面以骨笔刮平。

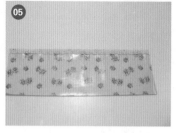

05 将蕾丝以珠针固定，于距边0.2cm处车缝一道。

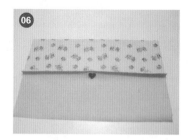

06 将磁扣装上。

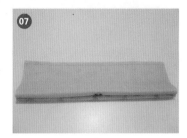

将下方一并接合。

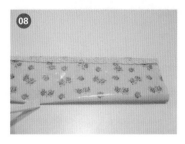

接合完成的样子,一样用骨笔刮平。

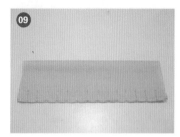

里口袋对折后接合,翻回正面于距边0.3cm处压一道装饰线。

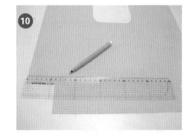

制作标示车缝内口袋记号线。

车缝内口袋并做隔间。

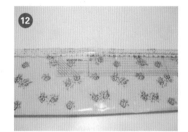

制作外口袋打褶记号线。

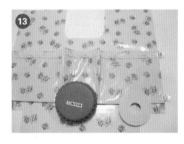

以水溶性胶带黏贴固定车缝位置。

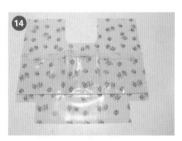

车缝完成的样子。

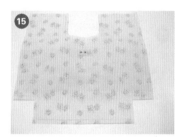

装上另一边的磁扣。

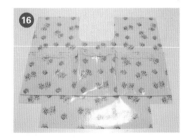

车缝隔间。

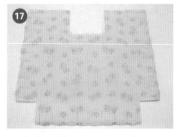

表布左右两侧及底部先固定后车缝。

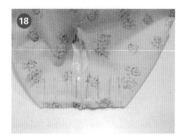

接合底角。

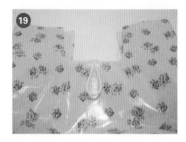

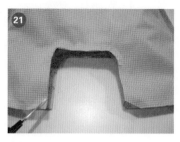

翻回正面后，先固定棉绳。

里袋同表袋的制作方式接合完成之后（但需预留返口），与表袋袋口相接。

剪斜角及牙口。

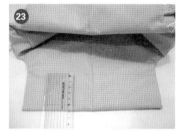

直角亦以锥子拉出。

距边6cm处画一道记号线。

在边缘处粘贴上水溶性胶带。

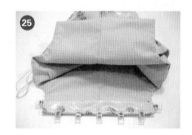

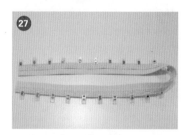

对着6cm记号线褶下黏贴。

左右各车缝一道。

蕾丝置于织带上后车缝。

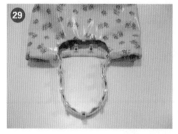

再用穿绳器穿入。

先车缝织带接口处，再对折用弹力夹固定后车缝一圈。

最后再缝合返口跟蕾丝扣后即完成。

随性抽褶防水肩背包

材料：
- 红花点点防水布：70cm×75cm×1片
- 蓝底白点防水布：42cm×60cm×1片
- 细格防水布：70cm×75cm×1片
- 皮标：1枚
- 铆钉：8mm×4组

做法：外加缝份1cm（如有特别标示"已含缝份"字样则除外）

参照原寸纸型B面

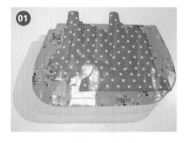
依纸型裁剪表布及里布共8片（缝份皆外加1cm）。

车缝左右两侧褶子。

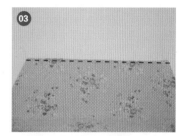
于表袋上端距边0.5cm处车缝抽褶疏缝线。

由两端一起抓褶。

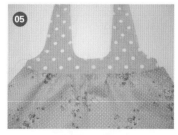
抽褶至袋口布一样宽后（但褶子需拉平均）即打结。

以弹力夹固定并接合。

表面以骨笔刮平。

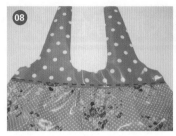
在距边0.3cm处压一道装饰线。

钉上皮标。

表布两片正面对正面相接,褶子方向需相反以免太厚(里布接法相同,但需预留返口)。

转弯处剪牙口。

表袋套入里袋,袋口相接,但背带接口各预留6cm先不接。

转弯处剪牙口。

从返口翻回正面。

背带接口各自相接。

车好后将缝份往内折,以弹力夹固定。

袋口距边0.3cm处车压一圈装饰线后即完成。

13 海洋风褶包

材料：
- 海洋风防水布：90cm×35cm×1片
- 条纹防水布：25cm×22cm×1片
- 细格防水布：88cm×55cm×1片
- 皮标：1枚
- 粗棉绳：70cm长×2条
- 鸡眼扣：外圈直径2mm×4组
- 铆钉：8mm×4组

参照原寸纸型B面

做法：外加缝份1cm（如有特别标示"已含缝份"字样则除外）

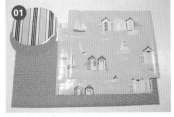
01 依纸型裁剪表袋布两片，底布各一片（缝份需外加1cm），里袋身直接裁剪86cm×31cm（已含缝份）。

02 做打褶记号点。

03 做出皮标记号。

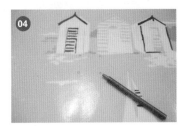
04 用打洞器打四个洞。

05 装上皮标，敲上铆钉。

06 皮标制作完成的样子。

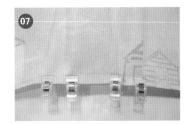
07 依记号点打褶。

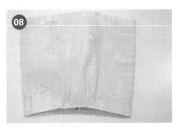
08 表布对表布左右各车缝一道线，里布对折只车一边。

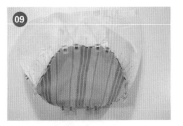
09 与袋底相接后车缝一圈。

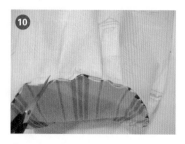
剪牙口。

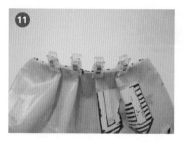
翻回正面，底以弹力夹固定线条。

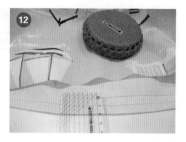
袋口距边2cm处画一道往下折1cm记号线。

对着下折记号线，以骨笔刮平。

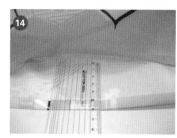
距边3cm再画一道下折记号线。

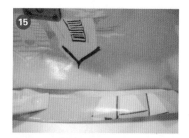
往下折再次以骨笔刮平。

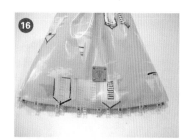
再用弹力夹固定。

里袋车缝完成的样子。

放入表袋内，以弹力夹固定。

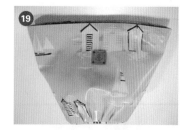
距袋口0.3cm及2.7cm处各车缝一道。

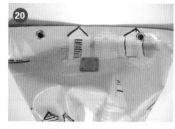
敲上鸡眼扣。

装上粗棉绳后即完成。

优雅蕾丝皱褶包

材料：
- 灰底白条纹布：55cm×73cm×1片
- 素棉麻布：55cm×73cm×1片
- 薄布衬：110cm×73cm×1片
- 厚布衬：30cm×35cm×1片
- 蕾丝：4cm宽×50cm长×2条
- 字母烫标：1枚
- 真皮提把：46cm长×2条
- 铆钉：8mm×8组

做法：外加缝份1cm（如有特别标示"已含缝份"字样则除外）

参照原寸纸型B面

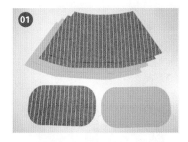

将表里袋身布烫上薄布衬后，依纸型裁剪表布两片及里布两片。将表里底布烫上厚布衬后，依纸型裁表布及里布各一片（缝份皆需外加1cm）。

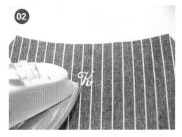

以中温熨烫字母布标。

依抽褶记号点将袋身布抽褶至与底布记号点一样大小，并平均皱褶。

将蕾丝两侧毛边往内折两褶，并车缝固定。

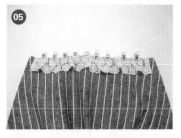

蕾丝平均抓褶对准记号点。

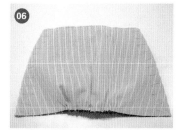

表袋布两片正面对正面，左右各车一道，里袋布处理方式亦同（但需预留返口）。

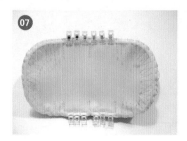
与底相接，以珠针及弹力夹固定。

转弯处可剪牙口，比较方便车缝。

车缝一圈后翻回正面。

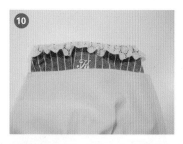
里袋亦缝制完成后，将表袋套入里袋内。

袋口以弹力夹固定后车缝一圈。

由返口翻出后整烫袋口处。

于袋口距边0.3cm处压一道装饰线，并缝合返口。

将真皮提把打洞。

做打铆钉记号点并打洞。

敲上铆钉。

完成啰！

15 丝绒蝴蝶结褶包

材料：
- 深灰厚棉布：65cm×70cm×1片
- 刺绣图案棉麻布：65cm×70cm×1片
- 厚布衬：65cm×140cm×1片
- 蕾丝：7.5cm宽×30cm×1片
- 黑丝绒缎带：2.6cm宽×67cm长×2条
- 贝壳扣：2个
- 磁扣：1组
- 真皮提把：1组（附铆钉）

参照原寸纸型C面

做法：外加缝份1cm（如有特别标示"已含缝份"字样则除外）

01 将表布及里布烫上厚布衬后，依纸型裁剪各两片（缝份皆外加1cm）。

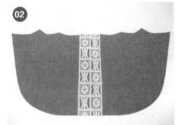
02 车上蕾丝。

03 依记号打褶。

04 表里布共四片于距边0.5cm处先车疏缝固定线。

05 依记号点两边先车缝黑丝绒缎带固定线。

06 表布两片"凵"形相接，里布处理亦同（但需预留返口）。

圆弧处剪牙口。

表袋翻回正面并套入里袋内。

袋口以弹力夹固定后车缝一圈。

从返口翻出后，整烫袋口。

缝合返口、表袋前后缝上贝壳扣及里袋缝上磁扣。

装上提把后即完成。

16 防水玫瑰侧褶提包

材料：
- 玫瑰防水布：100cm×75cm×1片
- 细格防水布：100cm×70cm×1片
- 拉链：40cm长×1条
- 真皮提把：1组

参照原寸纸型A面

做法：外加缝份1cm（如有特别标示"已含缝份"字样则除外）

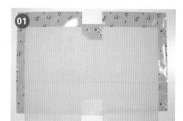
依纸型裁表布及里布各一片（缝份需外加1cm）。

左右两边依纸型记号点打褶固定。

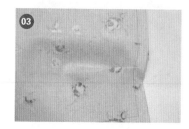
打褶部分先车疏缝固定线。

左右两边以弹力夹固定后,各车缝一道。

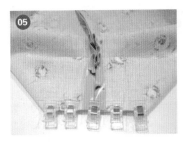

底角亦以弹力夹固定后车缝。

画一道口布下折对准线(含缝份距边7cm处)。

再画一道缝份对折对准线(含缝份距边2mm处)。

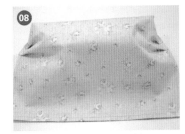

画好完成图。

缝份以骨笔来回刮替代熨斗,使之定型。

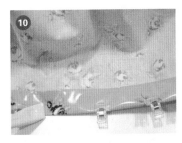

再往下折至步骤六的对准线,以弹力夹固定再用骨笔刮。

将里袋放入表袋内,再以弹力夹固定。

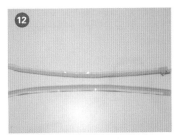

将拉链粘上水溶性胶带。

拉链粘贴于袋口处并车缝一圈,于距边0.5cm处再压缝一圈装饰线。

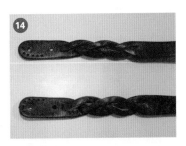

提把打洞。

敲上铆钉后即完成。

防水厚麻两用褶包

材料：
- 素麻布：90cm×46cm×1片
- 海洋风棉麻布：90cm×46cm×1片
- 薄布衬：90cm×46cm×1片
- 配色织带：3.8cm宽×170cm长×1条
- 鸡眼扣：28mm×4组
- 皮片扣：1组
- 斜背带：1条

参照原寸纸型C面

做法： 外加缝份1cm（如有特别标示"已含缝份"字样则除外）

01 将里布烫上薄布衬后，依纸型裁剪表、里袋各两片（缝份皆需外加1cm）。

02 下方两边依记号车缝褶子。

03 依纸型记号打褶以弹力夹固定，表里布打褶位置不同，可避免过厚现象。

04 依纸型位置将织带画线做记号。

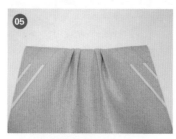
05 粘上水溶性胶带。

06 将织带粘上。

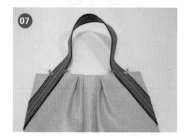
07 将织带多余部分修掉。

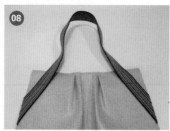
08 然后车缝"⊓"形。

09 表布正面对正面车缝"⊔"形一圈，里布做去相同，但需预留返口。

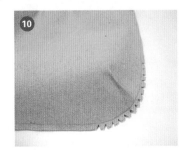

圆弧处剪牙口。

表袋翻回正面。

表袋套入里袋内,袋口车缝一圈。

从返口翻回正面,并缝合返口。

袋口距边0.4cm处车压一道装饰线。

两边织带钉上鸡眼扣。

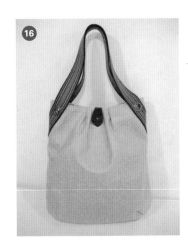

袋口中心处缝上皮片扣即完成。

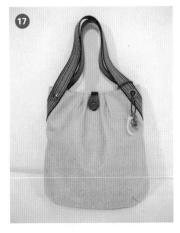

功能(一)可肩背。

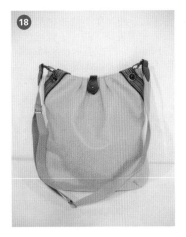

功能(二)可斜背。

18 肩背杂志自然皱褶包

材料:
- ■ 表袋: 黑格子棉麻布70cm×60cm×1片
- ■ 里袋: 素麻布50cm×60cm×1片
- ■ 薄布衬: 100cm×60cm×1片
- ■ 蕾丝: 4.5cm宽×90cm长×1条
- ■ 麻织带: 3cm宽×280cm长×1条
- ■ 麻织带: 2.4cm宽×9cm长×1条
- ■ 水兵带: 9cm长×1条
- ■ 皮片: 2片
- ■ 铆钉: 8mm×4组

参照原寸纸型C面

做法:

01 将表布及里布烫上薄布衬后,依纸型裁剪袋身各两片(皆已含缝份1cm),再裁剪8cm×45cm黑格子布两条(已含缝份1cm)。

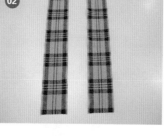

02 两条黑格子布四边车布边锁边。

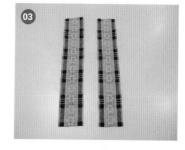

03 中间再车缝上蕾丝。

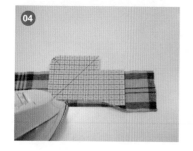

04 左右距边烫出1cm缝份。

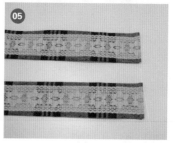

05 两边短边往里折1cm,并压缝一道线。

06 依纸型位置将织带遮布固定于表布上,并车缝左右两边。

中间依纸型记号以珠针打褶固定。

距中心0.5cm处车缝"凵"形5cm。

正面与正面对折，左右各车缝一道；里布做法与表布相同。

翻回正面后的样子。

里袋套入表袋内，以3cm宽麻织带对折用弹力夹固定于袋口，裁剪剩余的麻织带作为提把之用。

车缝一圈。

穿入织带。

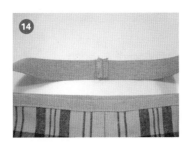

接点先接合。

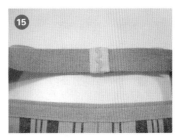

将织带车上水兵带后，车缝于接合处。

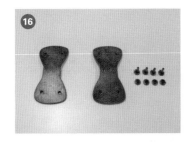

准备两组皮片。

将皮片包覆于接合处，钉上铆钉，另一边也依样敲上。

完成啰！

19 自然轻盈蝴蝶结褶包

材料：
- 素麻布：90cm×75cm×1片
- 碎花布：90cm×55cm×1片
- 薄布衬：90cm×110cm×1片
- 蕾丝：5.5cm宽×88cm长×1条
- 咖色丝绒缎带：0.7cm宽×180cm长×1条

做法：外加缝份1cm（如有特别标示"已含缝份"字样则除外）

将表布及里布烫上薄布衬后，依纸型裁剪袋身各两片，底各一片（缝份皆需外加1cm），再裁剪8×47cm提把两条（已含缝份1cm）。

距布边5cm处车上蕾丝。

两片表布左右相接。

表袋依纸型记号点打褶，再与圆底接合；而里袋做法也相同，但需预留返口。

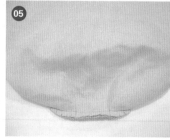

剪牙口。

翻回正面。

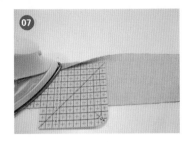
提把两边烫出1cm缝份。

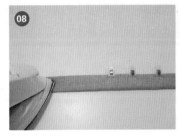
对折后以熨斗整烫。

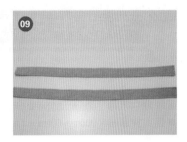
两边距边0.4cm处各压一道装饰线。

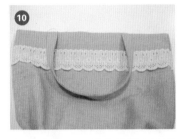
先于距边0.5cm处车缝固定于表袋上。

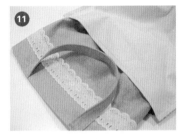
表袋套入里袋内。

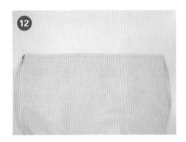
车缝袋口一圈。

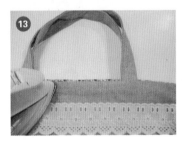
从返口翻回正面，里袋拉出高于表袋边缘0.4cm，再以熨斗整烫。

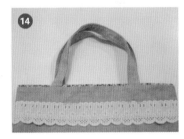
于表袋口距边0.4cm处压一道装饰线。

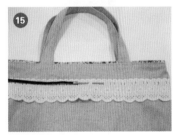
缝合返口并穿入丝绒缎带。

完成啰！

20 手感牛皮防水肩背褶包

材料：
- 厚麻防水布：60cm×80cm×1片
- 图案棉麻布：90cm×80cm×1片
- 厚布衬：60cm×80cm×1片
- 薄布衬：30cm×50cm×1片
- 真皮皮片：26cm×20cm×1片
- 拉链：20cm长×1条
- 鸡眼扣：34mm×4组
- 压扣：15mm×1组
- 手缝提把：50cm长×1对

参照原寸纸型C面

做法：外加缝份1cm（如有特别标示"已含缝份"字样则除外）

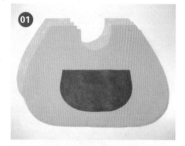
01
依纸型裁剪表布及里布（需烫厚布衬）各两片（缝份皆已外加1cm），再依纸型裁剪皮口袋一片（已含缝份1cm）。

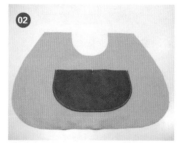
02
缝上皮口袋。

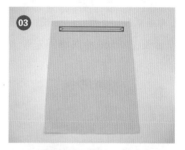
03
制作拉链口袋：裁布26cm×35cm一块先烫上薄布衬，在距上缘布边2.5cm处画一个1cm高，26.5cm宽的口，中间再画一道线，四边画斜角线。

04
正面对正面固定于里布上。

05
沿线车缝一圈。

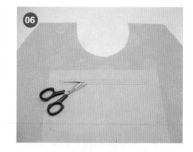
06
沿着中间的记号线剪开。

沿斜角线剪开,请注意切勿剪到缝线。

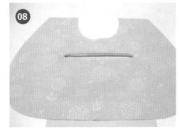

内袋布从洞口塞入里布内。

以熨斗整烫袋口。

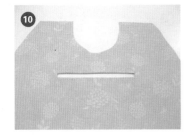

整烫完成的样子。

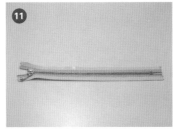

拉链正面粘上水溶性胶带。

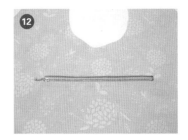

将拉链粘在袋口。

内袋布对折以珠针固定。

距布边2cm处车缝"∏"形一圈。

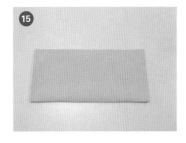

制作另一边口袋:裁布30×28cm一片烫半衬,对折后车缝,需预留返口。

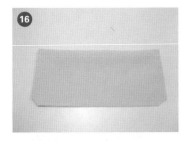

两边距边0.2cm剪斜角,如此较好翻出也不至于太厚。

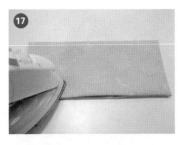

从返口翻出整烫。

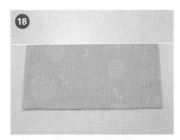

袋口距边0.3cm处压一道装饰线。

置于里布中间,车缝"凵"形一圈并隔间。

裁两块6×2.5cm牛皮,中间敲入一组压扣。

依纸型记号打褶,并先车缝固定线,表里共四片。

两片表布正面对正面车缝"凵"形一圈,里布做法亦同,但需预留返口。

圆弧处剪牙口。

表袋翻回正面。

表袋套入里袋内。

袋口固定后车缝并剪牙口。

从返口翻回正面并用骨笔刮平。

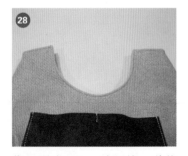
袋口距边0.4cm处压缝一道装饰线。

将皮提把手缝完成后(两端预留5cm不缝),夹入两侧袋口布,并敲上鸡眼扣后即完成。

21 防水购物两用褶包

材料：
- 小花点点防水布：100cm×52cm×1片
- 细格防水布：100cm×52cm×1片
- 织带：3.8cm宽×196cm长×1条
- 皮标：1个

参照原寸纸型C面

做法：外加缝份1cm（如有特别标示"已含缝份"字样则除外）

01 依纸型裁剪表布及里布各两片（缝份皆需外加缝份1cm）。

02 裁剪与布同宽织带两条，然后沿织带边缘贴上各14cm长水溶性胶带。

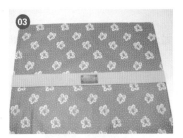

03 织带中心处打上皮标，织带左右两边车缝13.5cm宽"匚"形一圈，直线往外0.5cm处再加强车缝一道。

04 将剩余织带依记号点剪成两半，于距边0.5cm处车缝固定于表布上。

05 以珠针固定左右两边及底后车缝（里布做法相同，但需预留返口）。

06 依纸型记号打褶，并车缝底角。

07 表袋翻回正面后套入里袋内，袋口以珠针及弹力夹固定后，并车缝一圈。

08 由返口翻回正面，缝合返口并于袋口距0.3cm处车压一道装饰线。

10 造型（二）短版手提购物袋。

09 造型（一）加大手提购物袋。

22 手勾散步小褶包

材料：
- 蓝色棉布：70cm×45cm×1片
- 点点棉麻布：70cm×45cm×1片
- 薄布衬：70cm×90cm×1片
- 条纹织带：1cm宽×90cm长×1条
- 字母蕾丝布标：1片

做法：外加缝份1cm（如有特别标示"已含缝份"字样则除外）

参照原寸纸型D面

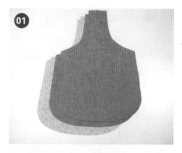

01 将表布及里布烫上薄布衬后，依纸型裁剪袋身各两片（皆需外加1cm缝份）。

02 以珠针固定字母蕾丝布标后缝上。

03 依记号点将织带固定，沿织带边0.2cm处车缝"匚"形（距离布边6cm）一圈。

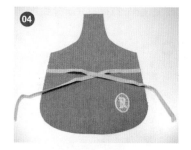

04 另一边车法亦相同。

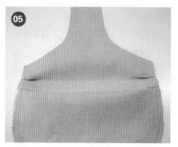

05 将贴字母标这片表袋布依记号点打褶（褶子方向朝外）。

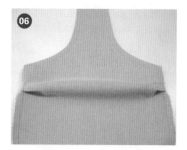

06 表袋布另一片打褶方向则朝中心处，里袋布两片处理亦同。

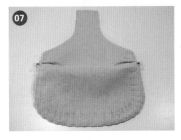

将表袋布两片正面对正面，以珠针固定后车缝"凵"形一圈；里袋做法亦同。

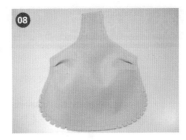

两边圆弧处剪牙口。

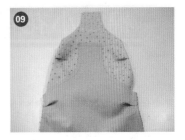

里袋翻回正面后套入表袋内。

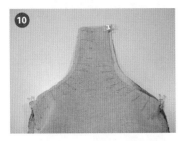

袋口两边以珠针固定，预留返口后车缝完成。

剪牙口。

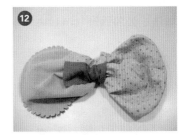

从返口翻回正面。

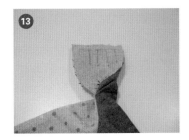

提把上端接合。

翻回正面先整烫后缝合返口。

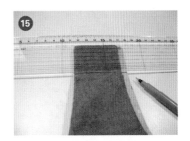

在距边4.5cm处先画一道线。

画完一个口型中间后加两条对角线。

将两条提把重叠，然后车缝一圈。

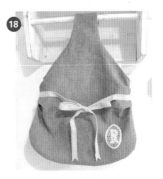

完成啰！

23 棉麻小花自然拉褶包

材料：
- 小花棉麻布：82cm×65cm×1片
- 咖啡格布：82cm×65cm×1片
- 薄布衬：82cm×130cm×1片
- 蕾丝片：1片
- 蕾丝：1.3cm宽×52cm长×1条
- 棉绳：65cm长×2条
- 贝壳扣：4个
- D形环：2cm×2个
- 真皮提把：1条

参照原寸纸型D面

做法： 外加缝份1cm（如有特别标示"已含缝份"字样则除外）

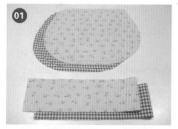
01 将表布及里布烫上薄布衬后，依纸型裁袋身各两片及侧边各一片（缝份皆需外加1cm）。

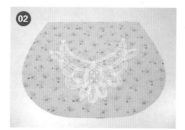
02 固定蕾丝片后并车缝。

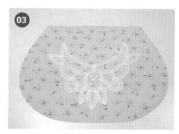
03 车缝完成的样子。

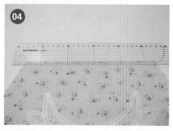
04 在表布袋口距边0.7cm处用可擦笔画一条线。

05 对准0.7cm记号线处固定蕾丝。

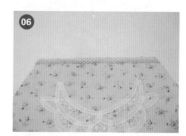
06 车缝蕾丝。

07 表布及里布以珠针固定一圈后车缝完成（需预留返口及左右穿绳口）。

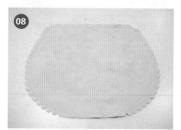
08 剪牙口及斜角。

09 翻回正面以熨斗整烫，并缝合返口（另一组处理方式亦同）。

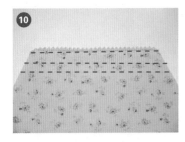

在距袋口边缘0.3cm、2.5cm及4cm处各画一道线。

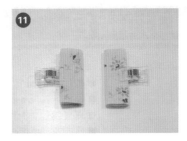

裁剪两片8cm×5cm耳布，两边往中心处折后再对折。

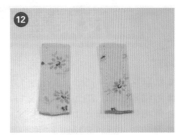

左右距边0.2cm处各车压一道线。

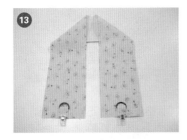

将耳布放入D形环，置于侧边布中心位置，并车缝固定线。

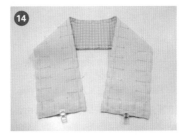

表、里侧边布四周以珠针固定后车缝一圈（需预留返口）。

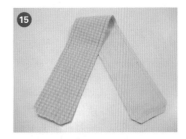

距边0.2cm处剪斜角。

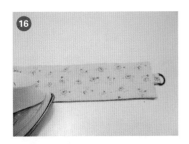

翻回正面整烫及缝合返口。

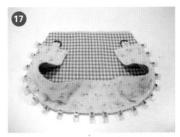

将袋身与侧边以弹力夹固定，在距边缘0.5cm处车缝"ㄩ"型一道。

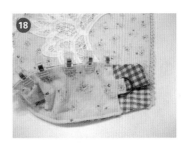

另一边组合方式亦同。

车缝完成的样子。

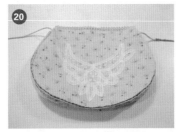

穿入棉绳。

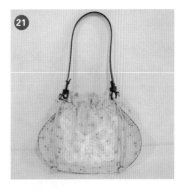

装上提把后即完成。

24 真皮提篮束口抽褶包

材料：
- 红蓝格子布：75cm×80cm×1片
- 海锚图案布：75cm×80cm×1片
- 薄布衬：75cm×100cm×1片
- 厚布衬：25cm×18cm×1片
- 蕾丝：4.3cm宽×80cm长×1条
- 棉绳：200cm×1条
- 真皮提篮：1个
- 压扣：13mm×5组

参照原寸纸型D面

做法：外加缝份1cm（如有特别标示"已含缝份"字样则除外）

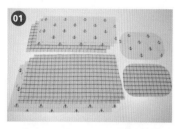
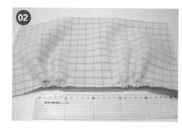
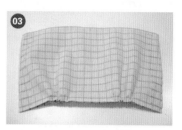

1. 袋身布：将红蓝格子布及海锚图案布烫上薄布衬，依纸型各裁两片（需另加缝份1cm）。
2. 束口布：将红蓝格子布及海锚图案布裁剪宽40cm×高17cm各两片（已含缝份1cm）。
3. 底布：将红蓝格子布烫上薄布衬及海锚布烫上厚布衬，依纸型各裁剪一片（需另加缝份1cm）。

依纸型记号点两边抽褶至5cm，共四片。

红蓝格子布两片正面对正面，左右两边以珠针固定并车缝；海锚图案布做法亦同，但需预留返口。

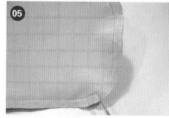

袋身与底相接以珠针固后车缝一圈。

圆弧处剪牙口。

蕾丝两边先各自两折缝固定后，再以手缝接合成一圈。

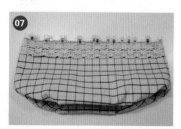

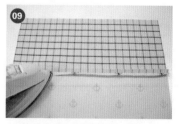

将蕾丝以弹力夹固定于红蓝格子布袋口，再于距边0.5cm处车缝一圈疏缝线（蕾丝接合点置于后中心位置）。

先将束口布两片正面对正面，上端接合后车缝一道。

以熨斗将缝份烫开。

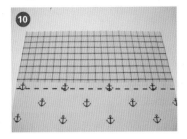

在正面于接合线下方2cm处画一条记号线。

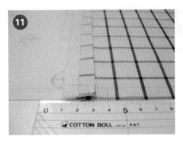

背面接合线两边距边2cm处各做一车缝止点记号。

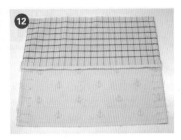

布片正面对正面，左右两边各车缝一道，需注意步骤11记号点与记号点间的4cm不车。

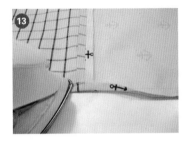

将不车的4cm缝份烫进去。

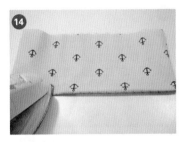

翻回正面对折，以熨斗整烫。

将步骤10画的记号线车缝一圈，成一穿绳口。

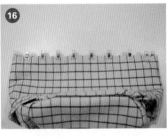

将束口布固定于袋身，然后于距边0.5cm处疏缝一圈。

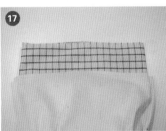

将表袋套入里袋内。

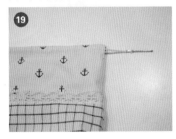

袋口固定后车缝一圈。

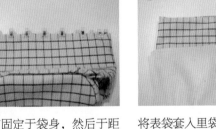

返口缝制完成后，做出压扣位置记号。

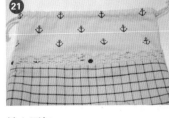

敲上压扣。

由返口翻回正面后，穿入棉绳。

完成啰！

25 手环古典蕾丝褶包

材料：
- 蓝色素麻布：60cm×90cm×1片
- 白底碎花布：60cm×90cm×1片
- 薄布衬：120cm×90cm×1片
- 蕾丝：4.5cm宽×120cm长×1片
- 蕾丝：5.5cm宽×30cm长×1片
- 球球蕾丝：1.2cm宽×35cm长×1条
- 塑胶环：内圈直径11cm×1对
- 铆钉：8mm×4组
- 扣子：2枚

参照原寸纸型D面

做法：外加缝份1cm（如有特别标示"已含缝份"字样则除外）

01 将表布烫上薄布衬后，依纸型A裁剪袋身布一片及纸型B袋身布一片。里布烫上薄布衬后，也依纸型B裁剪袋身布两片（缝份皆需外加1cm）。

02 于纸型A表袋身布上画上打褶记号线。

03 依序打褶固定。

04 各于距边0.4cm处车压一道线。

05 压线完成后的样子。

06 于右下方将蕾丝固定后车缝。

07 再车缝另一条蕾丝。

08 将两边多余蕾丝修掉。

09 与另一纸型B表袋身布固定，并车缝"凵"形一圈；里袋布做法亦同，但需预留返口。

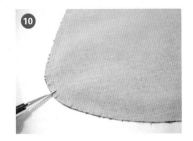

圆弧处剪牙口。

翻回正面。

将表袋套入里袋内。

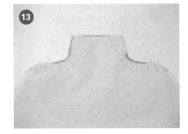

袋口以珠针固定后车缝一圈。

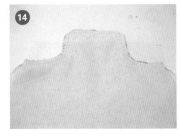

圆弧处剪牙口。

由返口翻回正面整烫,并将返口缝合。

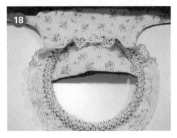

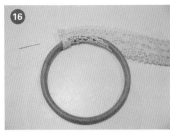

将蕾丝两端折两折车缝完成后,将塑胶环包覆车缝一圈。

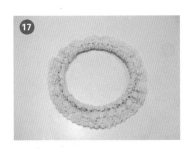

缝制完成的样子。

将蕾丝推向另一边,置于口布上。

两边以锥子穿洞并钉上铆钉。

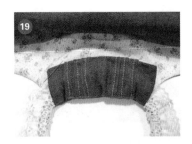

折入4cm,车缝"∏"形一圈。

车缝完成的样子。

完成啰!

经典手机褶包

材料：
- 蓝色素麻布：20cm×40cm×1片
- 红蓝格子布：20cm×40cm×1片
- 薄布衬：40cm×40cm×1片
- 蝴蝶结蕾丝片：1片
- 棉绳：11cm×1条
- 蕾丝扣：1个

参照原寸纸型D面

做法：外加缝份0.7cm（如有特别标示"已含缝份"字样则除外）

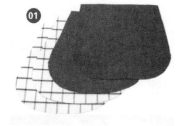
01
将表布烫上薄布衬后，依纸型A裁袋身布一片及纸型B袋身布一片。里布烫上薄布衬后，依纸型B裁袋身布两片（缝份皆需外加0.7cm）。

02
在纸型A表袋身布上画上打褶记号线。

03
依序打褶固定。

04
各于距边0.4cm处车压一道线。

05
压线完成的样子。

06
于右下方缝上蝴蝶结蕾丝片。

07
与另一纸型B表袋身布固定，并车缝"凵"形一圈；里袋布做法亦同，但需预留返口。

08
圆弧处剪牙口。

09
翻回正面，在中心处以手缝固定棉绳。

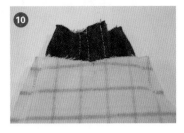
将表袋套入里袋内，袋口固定后车缝一圈。

由返口翻回正面后整烫，并缝合返口。

缝上蕾丝扣。

完成啰！

27 手感麻质筷套褶包

材料：
- 蓝色素麻布：30cm×35cm×1片
- 红蓝格子布：30cm×35cm×1片
- 薄布衬：30cm×35cm×1片
- 蕾丝：1.5cm宽×10cm长×1片
- 布标：1片
- 皮绳：35cm×1条
- 小饰件：2个

参照原寸纸型C面

做法：外加缝份0.7cm（如有特别标示"已含缝份"字样则除外）

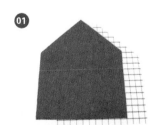
将表布烫上薄布衬后，与里布依纸型裁各一片（缝份皆需外加0.7cm）。

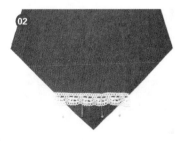
以珠针固定1.5cm宽蕾丝并车缝完成。

中间贴缝布标。

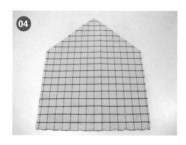
表布与里布正面对正面，下方先车缝一道。

翻回后整烫。

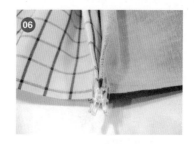
两边依记号点先将第一褶以弹力夹固定。

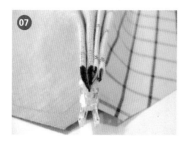
再抓另一褶。

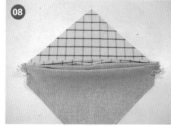
抓褶完成的样子。

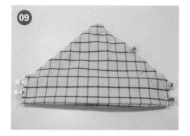
再将上方以珠针固定，尖角处放入皮绳，并车缝一道，但需预留返口。

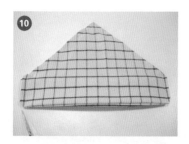
左右两边剪斜角。

由返口翻回正面后并整烫。

缝合返口。

缝上小饰件。

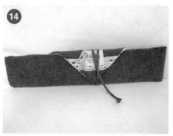
完成啰！

优雅绣球花随意褶包

材料：
- 绣球花布：105cm×35cm×1片
- 粉红点点布：105cm×35cm×1片
- 厚布衬：105cm×70cm×1片
- 麻织带：2.4cm宽×150cm长×1条
- 鸡眼扣：28mm×12组
- 真皮提把：1组

参照原寸纸型D面

做法： 外加缝份1cm（如有特别标示"已含缝份"字样则除外）

将表布及里布烫上厚布衬后，依纸型裁剪袋身各两片（缝份皆需外加1cm）。

两片表布正面对正面以珠针固定。

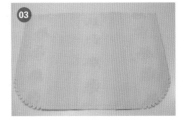
车缝"凵"形一圈后剪牙口，里袋做法亦同但需预留返口。

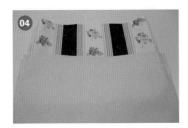
表袋翻回正面套入里袋内。

袋口以弹力夹固定后车缝一圈。

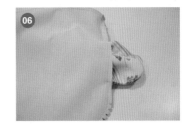
将表袋由返口翻出。

里袋拉出高于表袋布0.3cm后整烫。

距表袋袋口0.5cm处车压一道装饰线。

依纸型记号点钉上鸡眼扣。

装上提把造型变化（一）。

造型变化（二）。

造型变化（三）。

著作权合同登记图字：01-2012-2759

图书在版编目（CIP）数据

褶出优雅包款 / 布可著. -- 北京 : 新星出版社, 2013.11
ISBN 978-7-5133-1002-4

Ⅰ.①褶… Ⅱ.①布… Ⅲ.①箱包—手工艺品—制作 Ⅳ.①TS973.5

中国版本图书馆CIP数据核字(2013)第019024号

版 权 声 明

　　本书为精诚资讯股份有限公司-悦知文化授权新星出版社有限责任公司于中国大陆（台港澳除外）地区之中文简体版本。本著作物之专有出版权为精诚资讯股份有限公司-悦知文化所有。该专有出版权受法律保护，任何人不得侵害之。

褶出优雅包款

布　可 著

詹建华 摄影

策划编辑：东　洋
责任编辑：汪　欣
责任印制：韦　舰
封面设计：@broussaille 私制
版面构成：Spring · 李宜芝

出版发行：新星出版社
出 版 人：谢　刚
社　　址：北京市西城区车公庄大街丙 3 号楼　100044
网　　址：www.newstarpress.com
电　　话：010-88310888
传　　真：010-65270449
法律顾问：北京市大成律师事务所
读者服务：010-88310800　service@newstarpress.com
邮购地址：北京市西城区车公庄大街丙 3 号楼　100044
印　　刷：北京市雅迪彩色印刷有限公司
开　　本：787mm×1092mm　1/16
印　　张：8.25
字　　数：21 千字
版　　次：2013 年 11 月第一版　2013 年 11 月第一次印刷
书　　号：ISBN 978-7-5133-1002-4
定　　价：49.00 元

版权专有，侵权必究；如有质量问题，请与出版社联系更换。